EXTRAIT

DU

MÉMOIRE COURONNÉ PAR L'INSTITUT DE FRANCE

(ACADÉMIE DES SCIENCES)

DU PHOSPHATE CALCIQUE

(PHOSPHATE DE CHAUX BASIQUE, SEL DES OS)

DANS SES RAPPORTS AVEC LA NUTRITION DES ANIMAUX

LES

MALADIES ET LA MORTALITÉ DES ENFANTS

DANS LES VILLES

PAR H. M. MOURIÈS

PREMIER PRIX DES HÔPITAUX DE PARIS, LAURÉAT DE L'INSTITUT
DE L'ÉCOLE DE CHIMIE PRATIQUE
ET MEMBRE DE PLUSIEURS SOCIÉTÉS SAVANTES

PARIS

IMPRIMERIE DE SIMON RAÇON ET Cⁱᵉ, 1, RUE D'ERFURTH

1854

EXTRAIT

DU

MÉMOIRE COURONNÉ PAR L'INSTITUT DE FRANCE

(ACADÉMIE DES SCIENCES.)

DU PHOSPHATE CALCIQUE

(PHOSPHATE DE CHAUX BASIQUE, SEL DES OS)

DANS SES RAPPORTS AVEC LA NUTRITION DES ANIMAUX

LES MALADIES ET LA MORTALITÉ DES ENFANTS

DANS LES VILLES

PAR H. M. MOURIÈS

PREMIER PRIX DES HÔPITAUX DE PARIS, LAURÉAT DE L'INSTITUT
DE L'ÉCOLE DE CHIMIE PRATIQUE ET MEMBRE
DE PLUSIEURS SOCIÉTÉS SAVANTES

PARIS

IMPRIMERIE SIMON RAÇON ET COMPAGNIE

RUE D'ERFURTH, 1

1854

OBSERVATIONS GÉNÉRALES

Les maladies nombreuses et la mortalité, qui frappent les enfants à l'époque où le travail de l'ossification est le plus rapide, les doutes de quelques physiologistes sur la présence d'une quantité suffisante de phosphate de chaux dans les aliments de l'homme, m'engagèrent, il y a cinq ans, à faire des recherches sur ce point. Il était important, en effet, de savoir si l'enfant reçoit assez de sel des os pour les besoins de son développement (c'est ce qui fait l'objet des troisième et quatrième parties de ce Mémoire); mais l'observation des faits poussa plus loin mes investigations : des résultats nouveaux, la coïncidence remarquable des maladies lymphatiques avec l'époque de l'ossification, les analyses du sang des divers animaux comparées à celles de leurs aliments, les travaux mêmes des savants qui se sont occupés de ce sujet avant moi, me conduisirent à vérifier si, en dehors des besoins du système osseux, le phosphate des os, chez les animaux comme chez la plupart des plantes, exerce une action générale sur les fonctions de la vie.

S'il est vrai, comme je crois le prouver dans cette première partie du Mémoire, que ce phosphate, outre la formation et le renouvellement des os, a pour but de réveiller sans cesse l'irritabilité animale en se répandant dans toute l'économie, on expliquera facilement bien des faits encore obscurs, on aura une analogie de plus entre le règne animal et le règne végétal, et les chiffres posés dans les dernières parties du Mémoire, constatant, dans beaucoup de cas, l'insuffisance de ce sel, acquerront d'autant plus d'intérêt.

Je dois faire observer ici que toutes les analyses citées dans ce travail n'ont eu pour but que le dosage du phosphate de chaux. La recherche de l'acide phosphorique n'a pas une grande importance, parce qu'il s'est toujours rencontré en excès dans les matières analysées ; quant à la chaux, qui est la base du sel des os, elle a été dosée scrupuleusement par les procédés en usage.

Ces procédés sont si connus, et, avec des soins très-minutieux, les erreurs sont si impossibles, que j'ai cru convenable de ne pas entrer à chaque analyse dans des détails de manipulations au moins inutiles. Tous mes chiffres sont appuyés d'ailleurs sur des résultats analogues obtenus, dans un autre but que le mien, par les savants les plus considérables devant lesquels je me suis effacé toutes les fois que leur autorité pouvait éloigner les doutes d'une question d'hygiène publique dont l'importance m'a fait braver tous les sacrifices.

DU

PHOSPHATE CALCIQUE

(SEL DES OS)

DANS SES RAPPORTS AVEC LA NUTRITION DES ANIMAUX VERTÉBRÉS
À SANG CHAUD.

PREMIÈRE PARTIE

I

Je dois commencer par mentionner quelques faits connus et qui forment le point de départ de la première partie de ce travail.

On sait que les aliments, pour être complets, doivent contenir une dose déterminée de substances minérales, le fer et l'iode, qui ne font défaut que dans des cas exceptionnels, le sel marin, dont l'usage est général, et le phosphate de chaux, qui fait le sujet de ce mémoire.

Ce sel est, de l'avis de tous les physiologistes, indispensable au développement des animaux vertébrés à sang chaud. Tous les agronomes ont observé que les porcs, les vaches, etc., mis au régime des pommes de terre, qui sont très-pauvres en phosphate calcaire, dépérissent au bout de quelques mois ; les expériences directes sur les oiseaux sont encore plus concluantes : on verra que des pigeons mis au régime des grains triés (en variant les expériences de Chossat) meurent au bout de huit à dix mois; que si l'on remplace l'eau ordinaire par de l'eau distillée, ils périssent au bout de six à neuf mois; que si, au contraire. on ajoute aux grains un gramme de phosphate de chaux par kilogr., ils vivent jusqu'à quinze mois. Et, pour bien prouver que c'est véritablement l'insuffisance du phosphate de chaux qui les tue, toutes les fois qu'on ajoute ce sel calcaire en excès aux grains dès que la diarrhée se déclare, ces animaux reviennent plus ou moins rapidement à leur état normal (constaté avant moi par Chossat). Ainsi, ce n'est ni contestable ni contesté, il faut, pour entretenir la vie des animaux vertébrés à sang chaud, une dose déterminée de phosphate de chaux dans les aliments.

Ces aliments contiennent le sel des os tout formé et combiné à une matière albumineuse, comme dans les grains, le lait, les œufs, et c'est en cet état qu'il est absorbé par les animaux. Mais ceux-ci le forment souvent dans l'estomac même par une double décomposition qui a lieu entre les sels de chaux apportés par certains aliments et les phosphates alcalins abondamment répandus dans les grains.

Les oiseaux trouvent les sels de chaux dans les pierres, les herbivores dans les fourrages, et les carnivores rencontrent ce sel tout formé dans les os. Ces faits ne sont pas douteux. Vauquelin a le premier constaté avec quelque étonnement un résultat de ce genre (*Annales de Chimie et de Physique*, t. xxix, p. 5.), et M. Boussingault a développé ces résultats d'une manière précise dans son *Économie rurale*.

Pour la clarté de l'exposé qui suit, il était nécessaire de rappeler ces faits, que l'on peut exprimer en ces termes : *Le phosphate des os est indispensable à la vie des animaux vertébrés. Ces animaux reçoivent en général directement ou indirectement un excès de ce sel par leurs aliments naturels.*

II

Au premier coup d'œil, les analyses du sang et celles des aliments semblent indiquer une loi dont l'effet est de régulariser l'absorption du sel des os ; ainsi les animaux trouvent généralement dans leur nourriture un excès irrégulier de sel, et cependant le sang de ces mêmes animaux en contient une dose régulière, égale pour la même espèce dans les mêmes conditions, mais bien différente suivant l'âge, la famille ou l'embranchement auxquels ces animaux appartiennent. Voici des observations prises avec beaucoup de soin et que j'expose brièvement; car, ici, des chiffres seuls doivent découler les conclusions :

1° Un bœuf, une vache, un veau, ont été dans la même étable (au Mesnil-sur-Lestrée) nourris avec les mêmes aliments; et, pour être bien assuré que ces aliments contenaient un grand excès de phosphate de chaux, j'en ajoutai 40 gr. par kilogr. de nourriture. Au bout de quinze jours, une saignée pratiquée sur chacun d'eux par un vétérinaire de l'endroit fournit du sang qui, pesé, desséché, incinéré et analysé par les procédés ordinaires, a donné (les nombres réduits en millièmes) :

1000 PARTIES.	CENDRES.	PHOSPHATE DES OS.
Sang du bœuf. . .	7,1	0,5
Sang de la vache. .	8,9	0,7
Sang du veau. . .	10,5	0,9

C'est-à-dire que, malgré le grand excès de sel, le sang n'en contient pas plus que n'en ont constaté les chimistes dans les conditions ordinaires. On remarque aussi que les trois animaux, avec le même excès de phosphate, ont cependant un sang d'une richesse différente, et cette différence se produit régulièrement, car les chimistes l'ont toujours rencontrée.

2° Deux canards, une poule et deux pigeons ont été enfermés dans une chambre où il n'y avait que leur nourriture, consistant en eau ordinaire et en froment mêlé du même excès de phosphate de chaux que dans l'expérience précédente. Au bout de dix jours :

1000 PARTIES.	CENDRES.	PHOSPHATE DES OS.
Sang de canard. .	9,5	1.50
Sang de poule. . .	8.2	1,35
Sang de pigeon.. .	9,1	1,20

Ici encore des chiffres rapprochés de ceux qu'a obtenus Poggiale, etc., mais aussi toujours une variation très-marquée dans le sang des divers animaux nourris de la même manière. Chez les mammifères, cette différence est moins saillante, mais elle existe néanmoins ; ainsi le sang des carnivores, malgré l'excès de phosphate apporté par les os que ces animaux rongent, en contient une moyenne de 0,4 à 0,5, d'après les analyses connues, tandis que celui des ruminants en donne une moyenne de 0,5 à 0,9.

3° Mais ce qu'il y a de net et de remarquable, c'est l'énorme différence qui existe dans la composition du sang des deux embranchements des vertébrés à sang chaud. D'après toutes les analyses connues, la moyenne de phosphate de chaux contenu dans le sang des mammifères est de 0,7 pour mille, tandis qu'elle est de 1,25 dans celui des oiseaux dont la charpente osseuse est si légère !

Voici le tableau de plusieurs animaux des deux embranchements.

RAPPORT ENTRE LE POIDS DES OS ET LA RICHESSE DU SANG.

ANIMAUX.	MOYENNE DES OS POUR MILLE.	PHOSPHATE DES OS DU SANG.
OISEAUX. Pigeon.	59	1 20
Poule.		1,35
Canard.	Tous les oiseaux ont des os dont le poids est le même à peu de chose près.	1,50
Corbeau.		1,27
Moineau franc		1 22
MAMMIFÈRES Homme.	128	0,60
Chien.		0,65
Chat.		0,69
Cheval.	Même observation pour les mammifères que pour les oiseaux.	0,40
Mouton.		0 57
Lapin.		0,50

Certes, ces chiffres font un contraste saisissant, et toutes les analyses connues donnent des résultats analogues, qui forment un trait caractéristique des deux grandes divisions. Ces faits prouvent évidemment que, quelle que soit la quantité de sel des os qu'un animal avale avec ses aliments, le tube digestif n'en absorbe jamais que la dose nécessaire à cet animal, dose qui varie avec sa nature, son âge et son sexe, et l'excédant passe par les déjections.

Ces faits prouvent aussi que la dose nécessaire de ce sel est utile à divers degrés, et que son absorption, loin d'être livrée au hasard, est soumise, comme toutes les fonctions naturelles, à une loi qui en régularise la dose et la met au niveau des besoins différents de chaque animal.

Ces besoins, quels sont-ils? S'ils consistent seulement dans la nourriture des os, par quelle aberration la nature a-t-elle donné aux oiseaux, qui ont en poids de quatre à cinq fois moins d'os à nourrir, un sang quatre fois plus riche en phosphate de chaux que celui des mammifères, dont le tissu osseux est quatre fois au moins plus considérable, et cela sous peine de mort, ainsi qu'on le verra bientôt Il y a là, je crois, une indication bien accentuée du rôle que joue ce sel en dehors du tissu osseux. Mais je poursuis en rangeant mes observations, non par ordre chronologique, mais en les plaçant de manière à faire saisir plus facilement mes déductions.

III

Si nous précisons la dose de phosphate calcique nécessaire aux animaux, nous voyons qu'elle aussi n'a aucun rapport, et, bien plus, qu'elle est en rapport inverse avec le poids de ses os. J'ai réuni les excréments d'un pigeon de 500 grammes, livré à la nourriture ordinaire. Ces excréments desséchés pesaient 15,68 et contenaient 6,22 de phosphate de chaux (Vauquelin a obtenu un résultat analogue avec les poules, *loc. cit.*). Le pigeon rejette donc par jour 0,50 (en nombre rond) de phosphate de chaux : si cette dose est moins considérable, sa vie est en danger, et cependant la nourriture des os n'en exige que 0,025 (§ V), c'est-à-dire que le besoin des os comparé à ceux de l'économie générale est :: 1 : 20 environ.

En comparant les animaux entre eux, les résultats sont les mêmes. Le pigeon de 500 grammes exige par jour plus d'un 1/2 gramme de phosphate de chaux, tandis qu'un poulain, en plein développement, de 150 à 200 kilos, n'en trouve dans sa nourriture que 95 grammes et en rejette un excédant par les déjections, tandis que pour une femme de 50 kilos, dans les meilleures conditions de santé, il en faut 5 grammes; ce qui revient à dire que les oiseaux réclament pour vivre plus d'un gramme de phosphate de chaux par jour et par kilo, de leur poids vivant, tandis qu'en général les mammifères, qui ont de quatre à cinq fois plus d'os, n'en exigent que 0,1 par kilo, c'est-à-dire dix fois moins.

Ce contraste peut devenir plus frappant à l'aide d'une sorte de synthèse. D'après Chossat et d'après les expériences citées plus loin, un pigeon de 450 grammes meurt au régime du froment pur : la dose de ce froment est de 32 grammes par jour, contenant avec la chaux de l'eau 00,40 de phosphate des os. D'un autre côté, tout le monde sait qu'une femme de 50 kilos vit en pleine santé avec des aliments qui lui en apportent moins de 5 grammes par vingt-quatre heures, c'est-à-dire que, l'oiseau et la femme recevant chacun une dose de phosphate représentée par 8 à 10 centigrammes par jour et par kilo de leur poids vivant, le premier meurt au bout de huit à dix mois, et l'autre, qui a quatre fois plus d'os à nourrir, est, au contraire, dans les conditions les plus favorables de santé. D'après cela, il me semble difficile de limiter l'action de ce sel aux besoins des os. Mais je poursuis.

IV

L'insuffisance de ce sel donne lieu à des phénomènes de la plus haute gravité :

1° J'ai mis deux pigeons au régime des grains triés et de l'eau distillée : le premier a vécu cent quatre-vingt-neuf, le deuxième deux cent cinq jours. Leur poids initial était de 450 grammes; après la mort, le premier ne pesait plus que 204, et le deuxième 295 grammes.

2° Deux autres pigeons, du poids de 500 grammes, ont été mis (comme l'a fait Chossat) au régime des grains triés et de l'eau ordinaire : le premier a vécu trois cent cinq, le deuxième trois cent quarante jours.

3° Deux autres pigeons, du poids de 470 et 485 grammes, ont été mis au même régime que les précédents, seulement j'ai ajouté aux grains un millième de phosphate de chaux ; l'un a vécu quatre cent cinquante, et l'autre quatre cent soixante-dix jours, et, je le répète, si l'on ajoute aux grains un excès de phosphate calcaire au moment où la diarrhée apparaît, les oiseaux reviennent à la santé.

Les symptômes qui précèdent la mort sont bien caractérisés; — les premiers mois, la vie est moins active, les mouvements plus lourds.

l'allure languissante, et l'animal augmente sensiblement de poids (ainsi que Chossat l'a déjà constaté). Au bout de trois à quatre mois, le poids diminue, la diarrhée se déclare, vers le cinquième ou sixième mois, le trouble dynamique est général, les mouvements de l'animal sont gênés, la respiration est haletante, les déjections fluides, la quantité d'eau avalée plus considérable, tandis que la quantité de grains diminue. — Les excréments recueillis à cette période m'ont donné, pour 50 grammes : eau 40 gr., matières organiques 6,55, matières inorganiques 5,70, et perte.

Ainsi, à la suite de l'insuffisance du sel des os, l'assimilation paraît être très-imparfaite, et l'animal meurt d'autant plus rapidement que cette insuffisance est plus grande.

Mais d'où vient la mort?

D'après le rôle exclusif qu'on a jusqu'à présent attribué au phosphate de chaux, on a pensé que, ce sel étant fourni par le froment trié en quantité trop petite pour remplacer celui qu'emporte sans cesse le courant de la mutation, le tissu osseux s'épuisait, et la mort arrivait, précédée de tous les symptômes mentionnés plus haut. Les analyses sont loin de confirmer cette opinion dans ce qu'elle a d'absolu.

V

J'ai dit dans le précédent paragraphe (exp. n° 1), que deux pigeons du poids initial de 450 gr., mis au régime des grains triés et de l'eau distillée, sont morts, l'un au bout de cent quatre-vingt-neuf, l'autre, de deux cent cinq jours.

D'un autre côté, j'ai pris un pigeon du même poids (450 gr.), j'en ai séparé les os avec le plus grand soin, et ceux-ci, bien lavés à l'eau alcaline, puis à l'eau pure et desséchés ensuite, ont pesé 18 gr. 50.

Le pigeon sur lequel je calcule est celui qui est mort au bout de deux cent cinq jours; il a avalé, pendant ce temps, 5 kilog. 500 gr. de froment trié, l'analyse de ce froment donnait, pour ce poids consommé, 6,50 de phosphate des os.

Ces 6,50 de sel ne peuvent-ils pas suffire à la nourriture des 18,30 d'os que contient le pigeon pendant deux cent cinq jours?

En me tenant en dehors de toute théorie, je puis dire que, d'après MM Flourens, Serre et Doyère, il faut au moins dix-huit mois pour accomplir le renouvellement des os d'un pigeon; ces os pesant, dans celui dont il est question, 18,30, qui donnent à l'analyse 11,24 de phosphate de chaux, il s'ensuit que, pour fournir à la nourriture de ces os pendant deux cent cinq jours, il faut 5,50 de sel des os. Mais, puisque pendant ces deux cent cinq jours le pigeon en a reçu 6,50, il résulte que ses aliments ont fourni au delà des besoins du tissu osseux.

Ce calcul peut être plus simple : un pigeon formé du poids de 450 gr. exige, pour la nourriture de ses os, 0,025 de phosphate de chaux par jour, le même pigeon avale dans ce même temps 50 gr. de froment trié qui en contiennent 0,033, c'est-à-dire 0,008 de plus qu'il n'en faut pour cette fonction, et il meurt.

Il est dès lors difficile d'admettre que le défaut de nourriture des os soit la cause de la mort.

Mais il y a plus, et dans ce cas, c'est-à-dire alors que les aliments apportent une dose de sel suffisante pour les os, mais cependant insuffisante pour les autres fonctions, non-seulement ce tissu ne s'approprie pas ce sel, mais encore il verse constamment celui qu'il a en dépôt dans la circulation, au point de s'épuiser en partie.

Le pigeon mort au bout de deux cent cinq jours a été incinéré entièrement, car il était impossible d'en séparer les os : les cendres ont donné à l'analyse 3,23 de phosphate de chaux ; un pigeon du même poids, également incinéré en entier, a donné 12,29. En supposant donc que deux pigeons du même poids contiennent une quantité égale de ce sel, ce qui doit être vrai à une fraction près, il y aurait eu une résorption des 9,6, c'est-à-dire que le sel des os se serait résorbé, comme la graisse, la chair, etc., dans le cas d'alimentation organique insuffisante.

Ces résultats, comme les précédents, qui s'accordent d'ailleurs avec toutes les expériences isolées faites par d'autres que moi, semblent démontrer bien évidemment que si le phosphate de chaux forme et nourrit les os, ce qui est hors de doute, ce sel doit avoir aussi une action plus générale, plus élevée, qui touche à la nutrition des animaux. Quelle est la nature de cette action ?

VI

Les symptômes qui précèdent la mort des pigeons indiquent un abaissement de l'irritabilité. D'un autre côté, MM. Muller, Burdach, Désormeaux, sont d'avis que les maladies lymphatiques chez les enfants proviennent aussi d'un défaut d'irritabilité qui *coïncide* avec le travail de l'ossification.

En cherchant des indications plus loin, nous voyons que MM Puvis, Boussingault, etc., constatent que les aliments trop pauvres en sel des os ne peuvent pas entretenir la vie, mais que chez les animaux formés ce sel peut être remplacé par le sel marin ou tout autre sel excitant (le sel de nitre, suivant M. de Blainville). Pourquoi ne pas admettre, dès lors, que ce sel entretient l'irritabilité animale, sans laquelle les organes restent sans ressorts, et qu'ainsi s'explique la présence de ce sel dans tous les fluides et solides animaux sans exception.

A ceux qui accepteraient cette assertion avec répugnance, je citerais les végétaux, qui ne peuvent pas vivre sans ce sel, bien qu'ils n'aient aucun tissu analogue à celui des os. Tout le monde sait, en effet, que les céréales, par exemple, languissent au milieu du plus riche engrais privé de phosphate de chaux, comme les animaux meurent au milieu d'une nourriture abondante si celle-ci ne contient pas assez de ce sel. Or, si, ce qui n'est pas douteux, le phosphate calcaire a une action propre sur l'accomplissement des fonctions vitales de la plupart des plantes, n'est-il pas permis de penser qu'il a une action analogue sur la plupart des animaux?

Le tableau suivant contient des chiffres empruntés à des travaux connus, ainsi qu'à des analyses qui me sont propres, ces chiffres donnent un poids bien grand, sinon décisif, à l'opinion que je viens d'émettre ; et qu'on ne pense pas qu'ils sont l'effet d'un rapprochement dû au hasard; non, car toutes les analyses faites jusqu'à ce jour sont tout à fait conformes à celles que je cite, et rarement, dans la même famille d'animaux, il y a une grande différence dans le sel des os que contient normalement leur sang.

ANIMAUX.	POIDS DES OS POUR MILLE. (3)	PARTICULES.	TEMPÉRATURE DU RECTUM.	PHOSPHATE DE CHAUX. (1)	(2)
OISEAUX. Canard....	42	1501	42,5	1,50 —	0,00
Corbeau...	Id.	1466	42.5	1,27 —	0,00
Poule.....	41	1571	41,5	1,35 —	1,23
Héron.....	Id.	1326	41	» —	»
Pigeon....	39	1557	40	1,20 —	1,23
MAMMIFÈRES Homme...	128	1292	39	0.80 —	0.60
Chèvre....	Id.	1020	39.2	0,72 —	»
Chat.....	Id.	1204	38,5	0.69 —	0,67
Lapin....	Id.	938	58	0,50 —	0,52
Cheval....	135	920	36,8	0,40 —	0 50
Mouton...	Id	935	38	0,57 —	0.69
Chien....	Id.	1238	37,4	0,65 —	0.53

(1) Moi. — (2) Poggiale. — (3) Moyenne.

Ce contraste si saillant entre les deux embranchements, ce rapport direct entre les globules, la chaleur du sang et sa richesse en phosphate de chaux, la diminution de ce sel à côté de l'augmentation des os, me semblent plus éloquents que tous les raisonnements, En résumé, *la dose de phosphate de chaux nécessaire aux animaux n'a aucun rapport et se trouve même généralement en raison inverse du poids de ses os; mais cette dose, au contraire, est en raison directe de la chaleur du sang et de l'irritabilité de l'animal.* Ce qui explique, je crois, l'action propre du phosphate des os sur l'économie générale en dehors du tissu osseux.

Ce qui explique aussi pourquoi le sel des os nécessaire à la vie d'un oiseau est vingt fois plus forte que celle qu'exige la nourriture seule de son tissu osseux, et pourquoi ce tissu, faisant les fonctions d'un dépôt d'aliments inorganiques, verse le sel qu'il contient dans la circulation toutes les fois qu'il y a insuffisance; pourquoi enfin cette insuffisance produit de si graves accidents.

DEUXIÈME PARTIE

DU PHOSPHATE DES OS DANS SES RAPPORTS AVEC L'ALIMENTATION DE L'HOMME ADULTE.

I

Les animaux, ainsi que je l'ai dit, livrés à leur nourriture naturelle, trouvent directement ou indirectement une quantité de phosphate de chaux plus que suffisante à leurs besoins. L'homme à la campagne se trouve dans des conditions analogues, et plusieurs causes contribuent à ce résultat, l'exercice augmente la ration alimentaire et conséquemment la dose de sel : les herbacés et les légumineux en apportent une quantité relativement considérable, et le pain bis lui-même est plus riche en phosphate que le pain blanc ; aussi les urines de l'homme à la campagne donnent-elles assez régulièrement à l'analyse 5 gr. de sel des os pour vingt-quatre heures ; aussi, et sans tirer aucune induction trop absolue, la prédominance du système lymphatique ne s'y fait pas sentir comme dans les villes.

II

Dans les villes, au contraire, les conditions alimentaires sont profondément modifiées, et, pour m'en tenir au phosphate de chaux, je dirai que deux causes tendent à en amoindrir la quantité, d'abord la diminution de la ration par le défaut d'exercice, ensuite la nature et la

qualité des aliments mêmes. Il est certain en effet que l'exercice double
et triple le poids des aliments liquides et solides, et il n'est pas moins
vrai, d'un autre côté, que l'eau filtrée, les légumes aqueux artificiellement développés et peu chargés de sels terreux, la proportion domi-
nante des aliments animaux et l'éloignement des herbacés, tendent, ainsi
que l'a fait remarquer récemment encore Liébig (§ V, 3ᵉ partie), à di-
minuer la dose de ce sel. Du reste, voici les chiffres : la ration de la ville
peut être représentée par celle du cavalier avec des variations dans la
délicatesse des mets, qui ne changent pas sensiblement les résultats.
La voici :

	Phosphate des os.
Pain blanc, 1 kilogr. (eau déduite)	0,800 gr
Viande, 285 gr. (la chair des animaux adultes en con-	
tient (à peine)	0,001
Légumineux, 200 (en prenant les plus riches)	1,200
Eau de Seine, 2 litres (calculée d'après le carbonate	
de chaux)	0,200
Vin, 1/2 litre (d'autant plus pauvres qu'ils sont plus	
vieux)	0,200
Lait de vaches, 1/3 de litre (proportion variable dans	
Paris)	0,600
Total	3.001 gr.

Calculons à présent la quantité qu'exige la femme. D'après la loi
posée dans la première partie § II, il est facile de la connaître. M. Lecanu nous a déjà appris que, dans les meilleures conditions, la femme
en rejette par les urines de 0,2 à 5 gr. en vingt-quatre heures. Voici
maintenant trois résultats obtenus aux environs de Dreux. Trois femmes,
dans un excellent état de santé et avec des aliments qui contenaient un
excès de phosphate de chaux (10 gr. avaient été ajoutés aux aliments
ordinaires, qui en contenaient déjà un excès), rejetaient des urines
qui donnèrent une moyenne de 5 gr. en vingt-quatre heures; or le
sel utile est celui qui passe dans la circulation, nous n'avons pas à nous
occuper de l'excédant, qui passe par les déjections. 5 gr. et 1 gr. de
plus pour les ongles, cheveux, mucus, etc., seraient, à très-peu près,
la dose normale qu'exige la femme.

On a vu que la ration des villes ne lui en fournit que 3,001, en supposant que la femme mange cette ration, ce qui ne saurait être admis. Il y a donc insuffisance, et cette insuffisance doit se retrouver et se retrouve dans les urines, qui oscillent entre 0,2 gr. et 5 gr. de phosphate de chaux (Lecanu).

Ces chiffres sont aussi positifs que le comporte la nature de ces calculs ; aussi pourrait-on objecter qu'il y a, entre la ration et le besoin calculé, un inconnu qui nous échappe, en songeant que l'insuffisance de ce sel entraîne la mort des animaux, et que la mortalité des adultes dans les villes n'est pas en rapport avec mes déductions. Je répondrai que les pigeons meurent avec une insuffisance qui est :: 1 : 25. La mort arrive plus lentement lorsqu'elle est :: 1 : 12, tandis que dans le cas présent elle serait à peu près :: 1 : 2 seulement.

Mais une cause que je dois mentionner affaiblit encore les effets de ce vice alimentaire. J'ai déjà dit que les animaux, lorsqu'ils sont formés, peuvent suppléer à l'insuffisance du phosphate de chaux par un excitant, le sel marin, par exemple. Or les alcooliques, les condiments de toutes sortes, dont l'homme ne peut pas se passer, préviennent les conséquences de la diminution du sel des os dans les aliments; mais il n'en est plus de même de l'homme à l'état de formation, et, si j'ai parlé de la ration des villes, c'est que, par la femme enceinte ou nourrice, elle se rattache directement à cette question importante. Disons donc que la femme, avec la ration entière, avale 5 gr. de phosphate de chaux ; mais, comme le plus souvent elle ne prend que la 1 2 ou le 1/3 de la ration, ce chiffre varie de 1 gr. à 5 gr. dans les villes et présente un excédant à la campagne, fait bien constaté par la composition des urines, qui, prises en masse, varient elles-mêmes de 0,2 à 5 gr., et suivent nécessairement les degrés de la pauvreté ou de la richesse des aliments mêmes. Le lait doit nécessairement subir les mêmes variations et participer, quant à sa richesse minérale, de la nature des aliments.

TROISIÈME PARTIE

DU PHOSPHATE CALCIQUE DANS SES RAPPORTS AVEC LE DÉVELOPPEMENT, LES MALADIES ET LA MORTALITÉ DES ENFANTS.

I

J'arrive au point le plus important de ce travail, et les faits exposés dans les deux premières parties ne sont là que pour l'éclairer.

L'enfant trouve-t-il cet élément nécessaire à sa formation, et je dirai même essentiel, car le phosphate de chaux non-seulement sert à ossifier les cartilages et à nourrir les os, mais encore il fait partie de tous les fluides et solides animaux, et par ses éléments il entre dans la composition de la matière du cerveau, de la moelle, du système nerveux, des graisses phosphorées du sang, ce qui suffit à démontrer combien sa présence est indispensable à la formation des tissus nouveaux et des tissus de premier ordre?

Nous avons vu que, chez les adultes, les excitants peuvent, jusqu'à un certain point, remplacer le phosphate de chaux ; mais chez l'enfant rien ne peut remplacer ce sel dans les aliments.

Il est difficile de prouver expérimentalement que la pauvreté de la ration des villes nuit au développement du fœtus. Ce que l'on peut dire à cet égard, c'est que la femme enceinte ne trouve dans ses aliments que 5 gr. au plus de ce sel, au lieu de 6, que le fœtus en fixe au moins un gr. par jour, ce qui augmente d'autant plus l'insuffisance; que dans ces conditions les deux êtres, dans leur unité, doivent en souffrir, et qu'enfin, d'après les statisticiens, le nombre de mort-nés s'accroît d'une manière effrayante à mesure qu'on remonte dans les grandes villes. Je rapproche ces faits, et je ne tire aucune conclusion qui ne serait pas basée sur des chiffres positifs.

L'enfant, dans la première année de son développement, nous les fournira d'une manière aussi certaine que le comportent ces recherches.

II

L'alimentation de l'homme à la première période de son accroissement a une influence décisive sur la beauté de ses formes et sur la santé de toute sa vie. On sait que les années où le gouvernement trouve le moins d'hommes aptes au service correspondent toujours à des années de disette. Je pose donc ces deux termes de la question :

Quels sont les aliments de l'enfant ?

Quels sont ses besoins ?

Dans la première année, on trouve avant tout l'allaitement naturel. Dès lors, quelle est la richesse du lait des femmes de la ville en sel des os ?

Je rappelle d'abord que, d'après la conclusion de la deuxième partie, la femme ne reçoit par les aliments que de 1 gr. à 5 de ce sel dans les villes, et de 1 gr. à 6 dans l'ensemble des villes et des campagnes ; que conséquemment la dose que leurs urines rejettent oscille entre 0,2 et 5, pendant qu'elle devrait être fixe à 5. Il est bien évident que le lait aussi doit nécessairement se ressentir de l'insuffisance des aliments pris par la nourrice et subir les mêmes oscillations.

Voici d'ailleurs des chiffres. Les laits dont il va être question ont été analysés par les procédés en usage, et je me suis borné à constater la dose de la chaux et de l'acide phosphorique dont le dosage n'a pas d'importance, car il est toujours en excès dans ces liquides. Ces laits ont toujours été recueillis la moitié avant, et l'autre moitié après que l'enfant avait pris le sein.

III

Tous les laits de femme dont il est question dans le tableau suivant ont été recueillis dans différentes années. J'ai toujours agi sur un poids de 500 grammes de liquide au moins et de 850 grammes au plus. Le lait de la même nourrice a été recueilli en un nombre de jours variable, et la dose obtenue tous les jours a été pesée et séchée à 60° cent. En agissant ainsi, j'ai pu éviter les erreurs et obtenir une moyenne plus vraie.

Les nourrissons de toutes les femmes qui ont fourni du lait avaient trois mois au moins et onze mois au plus.

Les nombres sont réduits en millièmes, pour mieux faire saisir la comparaison pour 1000.

NOURRICES.	RECUEILLI PAR	MATÉRIAUX SOLIDES.	CENDRES.	PHOSPH. DE CHAUX.
1 Des environs de Dreux, santé florissante (choisie).	moi.	137,0	4,02	2,15
2 id.	id.	121,5	4,07	2,73
3 id.	id.	128 5	4,85	2,40
4 *Idem*, prises au hasard.	id.	130,2	3,95	1,70
5 id.	id.	117,0	4,00	1,93
6 id.	id.	121,0	4,03	2,17
7 id.	id.	103,3	3,90	1,82
8 id.	id.	119,0	3,75	1,85
9 De Toulon et de ses environs.	Le docteur Ardoin et Pellegrin, chirurgien de marine.	103,4	2.70	1,81
10 id.	id.	115,3	2,95	1,76
11 id.	id.	101,5	2,40	1,08
12 id.	id.	124,3	2,00	1,67
13 id.	id.	115,2	2,40	0,96
14 id.	id.	103 5	2,00	1,25
15 id.	id.	125,4	2,12	1,41
16 id.	id.	116,5	0,53	des traces
17 id.	id.	109,5	0,31	id.
18 id.	id.	99,8	0,13	id.
19 De Paris.	Le docteur Pégot-Ogier.	109,6	2,30	1,18
20 id.	id.	116,8	1,03	0,75
21 id.	id.	93,6	1,00	0,91
22 id.	id.	114,3	0,31	des traces
23 id.	id.	109,7	0,54	id.
24 id.	id.	110,6	0,65	id.
25 id.	id.	98,7	0,20	id.
26 De Paris.	Le docteur Pégot-Ogier.	105,3	1,00	0,33
27 id.	id.	92,4	1,20	0,62
28 id.	id.	109,5	1,75	0,50

RÉSUMÉ DU TABLEAU POUR LE PHOSPHATE DE CHAUX.

SÉRIES.	MAXIMUM.	MINIMUM.	MÉDIUM.
Nos 1 — 3 laits	2,73	2,15	2,40
2 — 5 —	2,17	1,70	1,82
3 — 7 —	1,81	0,96	1,25
4 — 3 —	1,18	0,75	0,91
5 — 3 —	0,62	0,33	0,50
6 — 7 laits provenant de la 4e et 5e série.	des traces.	des traces.	des traces.

Avant même de connaître les besoins de l'enfant, il est impossible de ne pas être frappé de la variété de ces laits, qui contiennent une dose si différente de sel des os, et qui cependant doivent développer des enfants qui en ont un égal besoin ; il est impossible aussi de ne pas voir avec un sentiment pénible des laits qui ne contiennent que des traces de ce sel indispensable et qui vouent les nourrissons à une mort certaine. Ces chiffres m'ont paru si graves, que j'ai recherché les travaux de tous les chimistes qui se sont occupés de ce liquide, et j'ai vu que les résultats consignés par les savants les plus autorisés sont encore plus défavorables que les miens, bien qu'ils n'en aient tiré aucune conséquence. Cette question a trop d'intérêt pour que je n'en fasse pas mention ; les voici en résumé :

	Phosphate de chaux. Pour 1000
Simon. Moyenne de 14 laits de femmes, sels fixes 2,3, d'où environ. .	1,2
Lait d'une femme de trente-six ans, sels fixes 1,8, d'où environ.	0¹.9
Lait d'une femme de vingt ans, des.	traces
Schwartz. Lait de femme dans les meilleures conditions.	2,50
Megenhoffen. Lait de femme, n° 1.	0,8
Lait de femme, n° 2.	1,0

Je ne cite que quelques auteurs qui confirment suffisamment les chiffres que j'ai obtenus moi-même, et, pour prouver l'influence des aliments sur la composition minérale du lait, je ferai encore quelques citations, car je cherche, avant tout, à éclaircir une question d'hygiène publique :

Simon. Lait de chienne ordinaire, sels fixes, pour 100.	1,47
Dumas. Lait de chienne au régime mixte.	0,77
Lait de chienne au régime de la viande seule.	0,55
Beusch et Selmi. Lait de chienne au régime de la viande pendant huit jours, sels insolubles, des.	traces
Boussingault. Le lait de vaches à un bon régime contient régulièrement phosphate de chaux..	2,5

Il n'est pas besoin de prouver plus longuement que la richesse du

lait se lie intimement à celle des aliments, et que le lait des femme
ne peut pas contenir le sel des os que ne leur apportent pas les aliments.

IV

Je calcule à présent les besoins réels d'un enfant en sel des os pendant la première année; je prendrai ces chiffres directement et par
induction, afin d'arriver le plus près possible de la vérité. Le poids ac-
quis, dans la première année, par un enfant dans de très-bonnes
conditions, est de 8 kilos, qui peuvent être décomposés ainsi qu'il
suit pour les besoins en phosphate de chaux :

	Phosphate de chaux.
Pour 800 gr. d'os, phosphate et carbonate de chaux, en moyenne.	480 gr.
Dents, ongles, cheveux, peau, mucus divers.	100
Chairs (elles en contiennent d'autant plus que l'animal est plus jeune.	50
Matière du cerveau, moelle, système nerveux, graisses phospho-rées.	50
Mucus intestinal, lait non digéré (Simon).	180
	860 gr.

Il faut donc 860 gr. de phosphate de chaux pour les tissus nouveaux
que forme l'enfant dans la première année. (Y compris les pertes.)

On peut objecter avec raison que ces chiffres ne peuvent pas être
rigoureusement vrais; aussi je me hâte de citer une expérience qui
prouve d'une manière très-simple, mais catégorique, qu'ils sont aussi
près que possible de la réalité.

Les chimistes ont toujours observé qu'au moment du plus rapide développement les urines des animaux ne contenaient jamais
de phosphate de chaux; de mon côté, j'ai recueilli, à l'aide d'une
éponge, les urines des nourrissons allaités, aux environs de Dreux,
avec le lait de la série n° 1. Ces urines ont été examinées à trois
époques de l'année, au troisième, au cinquième et au huitième
mois, et jamais l'analyse ne m'a donné des traces appréciables de chaux;
or ces nourrissons prenaient en moyenne 1 litre de lait par jour, con-

tenant 2,4 de phosphate, et toute cette quantité était fixée ou utilisée, puisque les urines n'en rejetaient pas de traces, soit 876 gr. pendant l'année, en supposant juste la moyenne d'un litre de lait par jour.

Il est vrai que les déjections en contiennent toujours, ainsi que l'a observé Simon ; mais sa présence ici provient des sucs du tube diges- tif et d'un peu de lait non assimilé, deux conditions qui se retrouvent chez tous les enfants et avec tous les laits, et qui ne peuvent pas, con- séquemment, modifier les calculs.

Mais, si des enfants bien constitués fixent et retiennent tout le sel des os que contient le lait n° 1 (2,4), évidemment ceux qui seront nourris avec les nᵒˢ 2 (1,8) et 3 (1,2) n'en auront pas suffisamment, et dès qu'il est prouvé qu'il faut une quantité déterminée de ce sel à la constitution des tissus nouveaux, dès qu'il est bien constaté que son insuffisance tue même les animaux formés, n'est-il pas évident que ces enfants se dé- velopperont imparfaitement, subiront la prédominance du système lym- phatique, et seront exposés à la mort?

On dira peut-être que des enfants avalent plus d'un litre de lait par jour : c'est la moyenne à laquelle s'est arrêté M. Nathalis Guillot; M. Donné la porte au-dessous. Le fait est que l'enfant prendra le sein d'autant moins souvent que le lait sera plus riche et plus nourrissant : en somme, cependant, la moyenne d'un litre par jour est acceptée.

Mais je suppose que cette dose soit plus forte, cela changera-t-il beau- coup les résultats? les nᵒˢ 3 et 4 donneront-ils jamais la dose de sel nécessaire à un bon développement?

Et puis, il y a des faits contre lesquels se brisent toutes les objec- tions : des laits de femme, d'après mes analyses et d'après celles de Simon, etc., n'en contiennent que des traces et n'en fournissent pas même assez pour constituer la matière du cerveau et de la moelle. Comment pourront vivre et se développer des enfants nourris avec un pareil aliment? car, je ne saurais trop le répéter ici, parmi les élé- ments constitutifs de la matière cérébrale se trouvent toujours la chaux et l'acide phosphorique.

Voici les chiffres de cette insuffisance avec les divers laits analysés. Ce calcul comprend la première année :

Le n° 1 en donne un excès sensible.

PHOSPH. DE CHAUX FOURNI PAR LE LAIT.	N° 2. 567	N° 3. 438	N° 4. 328	N° 5. 182	N° 6 des traces	SEVRAGE MIXTE.
Chiffre de l'insuffisance.	203	422	532	678	860	Les bouillies faites avec les farines représentent en sel des os à peine le lait n° 5.

Qu'on songe, à l'aspect de ces chiffres, que l'insuffisance du sel des os abaisse l'irritabilité et donne accès aux maladies lymphatiques; qu'on songe que ce sel est indispensable à la formation des tissus les plus précieux; qu'on songe enfin que son insuffisance, quand elle est :: 1 : 12, tue les animaux formés eux-mêmes, et qu'on dise s'il n'y a pas là une des principales causes des maladies lymphatiques et de la mortalité des enfants dans les villes, mortalité qui est :: 1 : à 2 à Paris, et :: 1 : 5 à la campagne; si là n'est pas une des causes de l'affreuse mortalité qui frappa les enfants à Londres lorsque les dames de cette ville, suivant les conseils de J.-J. Rousseau, voulurent les nourrir elles-mêmes; si là enfin il n'y a pas une importante question d'hygiène publique.

Je ne parle pas de ces affections qui arrivent au moment de l'ossification, et qu'on guérit à l'aide de la décoction de Sydenham, c'est-à-dire du phosphate de chaux animalisé, ou qui se guérissent d'elles-mêmes quand l'accroissement est terminé, et accusent partout cette insuffisance, en laissant de fâcheuses traces quand elles n'occasionnent pas la mort.

V

Objections. — On dira que les matériaux organiques du lait doivent concourir à ces fâcheux résultats. Si l'on examine la composition des laits, on voit que le caséum, le beurre, la lactine ne varient jamais considérablement, et on a toujours observé que si le lait est plus pauvre, l'enfant prend plus souvent le sein, ce qui revient au même. D'ailleurs, le lait des femmes des villes est généralement riche en matières organiques, et d'après Simon, Payen, Haidlen, il oscille régulièrement entre 100 et 140 de matières solides. Dans le tableau précédent, § 5, les

laits présentent un maximum de 137 pour 1000, un minimum do 92,4
et un médium de 120 ; ce qui prouve que les affections qui pèsent sur
les enfants des villes tiennent à une autre cause, c'est-à-dire à l'absence
du sel des os.

Quant à l'influence atmosphérique, on peut dire que le froid est
plus intense à la campagne, les soins moins assidus, et que la mortalité dans les villes frappe les enfants dans les quartiers les mieux aérés.

On pourra objecter aussi que des enfants allaités artificiellement avec
le lait de vaches, riche en sel des os, dépérissent et sont obligés de
revenir au lait de femmes. Ici nous nous trouvons dans un autre ordre
d'idées : le lait de vaches contient du caséum que l'homme adulte même
ne peut souvent pas digérer, et qui ne se dissout bien que dans le suc
très-acide de l'estomac du veau, tandis que le lait de femmes contient
une matière albumineuse très facilement digestible. Or, si on donne le
lait de vaches pur, l'enfant le digère très-imparfaitement ; si on l'étend
d'eau, il devient insuffisant, et, dans tous les cas, il constitue un aliment de mauvaise qualité.

Opinion de quelques auteurs. — Ces résultats ne sont pas tellement
imprévus qu'ils n'aient été soupçonnés par beaucoup de physiologistes.
M. Bérard appuie sur la nécessité de ce sel et semble douter de sa présence en quantité suffisante dans les aliments (*Traité de Physiologie*).
Un long usage a prouvé les effets salubres des eaux qui contiennent
du carbonate de chaux. (Dupasquier, Arthaud, *Annales d'hygiène*,
t. XXIII.) Les goûts *dits* dépravés des enfants, qui sont la manifestation
d'un besoin non satisfait, viennent encore à l'appui. Je lis dans Liébig,
quelque temps *après* le dépôt de mon mémoire à l'Académie (*Lettres sur
la Chimie* 35e, 1852), que l'instinct qui pousse l'homme vers le régime
herbacé a pour but probablement de chercher le phosphate des os, qui
manque aux aliments ordinaires. Plus loin, ce savant ajoute que c'est
en formant du sel des os que la chaux, ajoutée, en Allemagne, à la
viande, à la morue, etc., produit d'excellents effets. Le même chimiste
rapporte un fait plus curieux quand il dit que des paysans, dans la
Hesse, facilitent la dentition des enfants en leur donnant de l'eau de
chaux, qu'ils avalent avec le plaisir que produit la satisfaction d'un besoin. N'est-ce pas, ajoute Liébig, que cette base est encore destinée à
former du phosphate des os? Mais je m'arrête dans ces citations, qu'il
est inutile de multiplier.

QUATRIÈME PARTIE

DES MOYENS DE REMÉDIER A L'INSUFFISANCE DU PHOSPHATE CALCIQUE.

L'insuffisance du phosphate des os constatée dans les aliments de la femme, et conséquemment dans son lait, nous arrivons naturellement à cette opinion de Bérard, ainsi exprimée dans son *Traité de Physiologie* : « Ce sel est indispensable au développement et à la vie de l'homme, et, s'il manquait dans ses aliments, il faudrait l'y ajouter. »

Dans quel état doit-on ajouter ce sel aux aliments?

La nature nous indique sa combinaison avec une matière animale comme le moyen le plus favorable; d'un autre côté, Burdach (*Traité de Physiologie*) dit avec raison « que ce sel ne peut déployer des propriétés alibiles qu'en combinaison avec une albumine. » C'est, en effet, dans cet état qu'on le trouve dans les grains, les œufs, le lait, etc., et c'est dans cet état qu'on doit l'ajouter aux aliments insuffisants. Cette combinaison (1) est facilement produite en précipitant, au milieu d'une eau chargée d'albumine, du chlorure de calcium à l'aide du phosphate d'ammoniaque ammoniacal. (Procédé de Berzélius, *Traité de Chimie*, chap. *Albumine*.) La dose ordinaire doit être de **12** gr. représentant 4 gr. de sel. Du reste, quelle que soit la dose excédante qu'on mêle aux aliments, la dose absorbée et les effets restent absolument les mêmes, aussi est-il prudent ici d'imiter la nature, qui en met à l'état normal un excès dans les aliments, afin que l'économie en prenne la quantité qui

(1) Ce produit se dissout avec une grande facilité dans le suc gastrique; en le délayant dans l'eau et ajoutant peu à peu de l'acide chlorhydrique, il se produit une liqueur parfaitement limpide.

lui est nécessaire, cet excès n'ayant jamais le moindre inconvénient.

Afin d'appuyer par les faits pratiques les résultats exposés précédemment, et de diriger mes observations vers un but utile en donnant les moyens de combattre un si grand mal, j'ai dû en remettre à quelques médecins et recueillir des observations. Depuis 1849, ces observations ont été faites par le docteur Loze, directeur de la santé publique du département du Var. Malheureusement elles n'ont pas été recueillies. Les autres ont été suivies et notées avec soin par le docteur Pégot-Ogier, à Paris, dans le 5e arrondissement, et dans les conditions les plus défavorables. D'autres ont été faites par le docteur Réveillé-Parise. Je ne puis en donner qu'une ; une mort regrettable m'a privé des autres.

1. *La femme Topin, âgée de vingt-six ans*, nourrissait son enfant âgé de deux mois et dix jours. Cet enfant était pâle et lymphatique ; le lait donnait à l'analyse 0,9 de phosphate de chaux pour mille (les chiffres réduits en millièmes). On se rappelle que les tissus nouveaux en exigent 2 gr. par jour. On donna à cette femme tous les jours dans son potage du dîner 12 gr. de phosphate animalisé représentant 4 gr. de phosphate de chaux pur. Huit jours après, le lait en contenait 2,1 par mille. (Ce passage d'un sel dans le lait est trop connu pour que je m'y arrête.) La dose fut alors doublée, et huit jours après, le lait en donnait 2 gr. seulement, la dose n'avait pas augmenté malgré l'excès, comme les expériences précédentes le faisaient prévoir. Elle n'arriva cependant pas à 2,5, qui est le maximum trouvé jusqu'ici. On revint à la dose de 12 gr. pris tous les jours dans le potage.

Un mois après, la nourrice avait plus de vigueur, la chair pâle et molle de l'enfant prit de la coloration et de la fermeté, et jusqu'à l'âge de onze mois et dix jours, époque où il fut perdu de vue, le développement se fit régulièrement au milieu de tous les signes d'une santé florissante.

Dans tous les cas suivants, les enfants ont été observés pendant un an, et les nourrices ou les femmes enceintes ont mêlé le sel animalisé à la dose de 12 gr. par jour à leurs aliments ordinaires.

2. *La femme Rolant, vingt-six ans.* Elle allaitait son enfant depuis trente-cinq jours ; il était chétif ; depuis, il s'est parfaitement développé sans maladies appréciables et fut perdu de vue au treizième mois.

5. *La femme Renaud, trente-deux ans.* Nourrisson d'un mois. Le lait contenait 0,7 de phosphate de chaux. Dix jours après le nouveau régime, il en donnait 1,4. (L'enfant est mort du croup.)

4. *La femme Mangin, vingt et un ans.* Enfant âgé d'un mois, faible et peu développé. Le lait donnait 0,3 de sel; quinze jours après le régime, 1,2. L'enfant a vécu dans de bonnes conditions de santé.

5. *La femme Piton, vingt-cinq ans.* Enfant de trois mois, d'une complexion très-délicate; lait non analysé: développement satisfaisant.

6. *La femme Bernard, trente-cinq ans.* Enfant de vingt-cinq jours. Le lait contenait 0,3 avant, et 2 gr. quinze jours après le régime. Pas de maladies sérieuses.

7. *La femme Liautard, trente et un ans.* Lait non analysé; enfant de trois mois mort de convulsions au bout de quatre mois.

8. *La femme Bignon, dix-neuf ans.* L'enfant avait quarante jours ; le lait contenait 0,1 de phosphate; un mois après le régime, 1,9 ; santé de l'enfant parfaite.

9. *La femme Wolf, vingt-trois ans.* Enfant de vingt jours (lait non analysé). Le nourrisson, bien constitué, s'est maintenu dans d'excellentes conditions de santé.

10. *La femme Moreau, dix-huit ans.* L'enfant mort à neuf mois d'une bronchite capillaire.

11. *La femme X.... dix-neuf ans.* Enfant de vingt-huit jours. Le lait contenait 0,4 de sel des os avant, 2,1 après quinze jours du régime nouveau. Santé de l'enfant parfaite.

12. *La femme Gaillard, trente-six ans.* Enfant de quarante-cinq jours (lait non analysé). Développement irréprochable.

13. *La femme X..., âge inconnu.* Enfant de vingt-six jours (aux Ternes près Paris). Lait 1,2; un mois après le régime 2,4. Très-bel enfant d'une santé florissante. (Observation prise par M. Réveillé-Parise.)

14. *Cinq femmes* ont été, pendant la grossesse, mises au régime complémentaire; toutes ont fait des couches heureuses. Les nouveaunés étaient forts. Le lait de trois de ces femmes, devenues nourrices, a été analysé un mois et demi après l'accouchement. L'un contenait 2,1; l'autre, 1,9; le troisième, 2,3. Les cinq enfants ont accompli leur première année dans l'état de santé le plus satisfaisant.

Je l'ai dit, le passage du sel dans le lait est bien connu; mais avec quelle satisfaction j'inscris ces faits, quoique peu nombreux ! Sur dix-huit cas, on n'a pas eu à constater d'affections lymphatiques sérieuses. et il n'y a eu que trois morts. C'est-à-dire qu'au milieu des conditions es plus défavorables, les médecins chargés de recueillir ces expériences ont constaté une mortalité de :: 1 : 5 comme dans les **campagnes**, pendant qu'elle est de :: 1 : 2 dans l'ensemble des enfants nourris à Paris.

Ce travail, auquel j'ai dû consacrer de longues années, soutenu par la profonde conviction qu'il sera utile à l'humanité dans ce qu'elle a de plus intéressant, et qu'il pourra aider à combattre la dégradation de la race humaine dans les villes, peut être résumé par ces propositions :

Le phosphate des os est indispensable au développement et à la vie de l'homme.

L'alimentation ordinaire des villes en contient une quantité insuffisante.

Le lait des femmes a conséquemment le même défaut que les aliments.

Un excès de ce sel animalisé ajouté aux aliments n'offre jamais le moindre inconvénient; l'économie n'en absorbe que la dose qui lui est nécessaire, et assure au fœtus et à l'enfant la quantité nécessaire au développement.

Ce complément fait rentrer l'alimentation dans les conditions naturelles sous le rapport de ce sel et diminue chez les enfants les chances de maladie et de mort.

NOTE ADDITIONNELLE. — Il est d'un grand intérêt de rappeler ici que M. le professeur Piorry vient d'obtenir des résultats précieux de l'emploi de ce sel dans les cas de ramollissement du rachis, et que des observations plus récentes encore tendent à prouver que ce phosphate animalisé peut fournir un aliment capable de combattre les affections dérivant du système lymphatique.

CONCLUSIONS

DES QUATRE PARTIES DU MÉMOIRE.

PREMIÈRE PARTIE.

I. Le phosphate de chaux est indispensable à la vie des animaux vertébrés à sang chaud, comme il est nécessaire à celle de la plupart des plantes.

II. Les aliments des animaux contiennent ce sel tout formé ou les éléments qui le composent dans l'estomac même.

III. L'absorption de ce sel, loin d'être livrée au hasard, suit une loi inflexible dont l'effet est de puiser dans les aliments, qui en contiennent un excès, une dose qui varie, s'élève ou s'abaisse suivant la nature et l'âge des animaux.

IV. La dose de sel nécessaire à la vie des animaux n'a aucun rapport et se trouve même généralement en rapport inverse avec les besoins et le poids de leurs os.

V. L'insuffisance de ce sel tue les animaux, et elle les tue d'autant plus rapidement qu'elle est plus forte. Le chiffre de cette insuffisance varie avec la nature de ces animaux, et n'a aucun rapport avec le poids de leur tissu osseux.

VI. La mort déterminée par cette insuffisance arrive alors même que les os trouvent pour se nourrir un excès de ce sel ; elle provient d'un abaissement dans l'irritabilité générale.

VII. L'insuffisance de ce sel inanitie les animaux en rendant l'assimilation imparfaite, et la mort arrive précédée de tous les symptômes de l'alimentation insuffisante, au milieu d'une nourriture abondante.

VIII. La dose de ce sel indispensable à un animal sous peine de mort, si elle est généralement en raison inverse du poids de ses os, est au contraire, dans tous les cas observés, en raison directe de sa chaleur et de son irritabilité.

IX. L'action propre de ce sel, en dehors du tissu osseux, est analogue à celle qu'il exerce sur les fonctions vitales de la plupart des végétaux.

DEUXIÈME PARTIE.

I. L'homme à la campagne trouve en général dans ses aliments un excès de sel des os ; encore ce fait est-il mis en doute par Liébig.

II. Dans les villes, l'homme trouve le plus souvent une quantité insuffisante de ce sel. Les fâcheux effets de cette insuffisance sont affaiblis chez les adultes par le sel marin et les autres condiments.

TROISIÈME PARTIE.

I. Le fœtus et l'enfant ont un besoin absolu d'une quantité déterminée de sel des os *que rien ne peut remplacer;* elle est en moyenne *minima* de 1 gr. par jour pour le fœtus et de 2 gr. pour l'enfant dans la première année.

II. Ce sel provoque l'irritabilité, forme la partie minérale des os, entre tout combiné ou par ses éléments dans la constitution de tous les fluides et solides animaux, et surtout dans la matière du cerveau, de la moelle, des nerfs, des graisses phosphorées du sang, d'où son extrême importance.

III. La femme enceinte dans les villes ne recevant pas une dose suffisante de phosphate de chaux pour ses besoins, et le fœtus en fixant tous les jours 1 gr., ce dernier se trouve dans des conditions défavorables à sa formation. (Le nombre des mort-nés est énormément plus considérable dans les villes.)

IV. La femme nourrice transmet nécessairement à son lait l'insuffisance de ses aliments, et ce précieux liquide qui doit développer des enfants dont les besoins sont les mêmes en contient une quantité extrêmement variable, le plus souvent très-petite, et quelquefois nulle. (Beaucoup de chimistes ont constaté avant moi ce fait très grave.)

V. La proportion entre la quantité de sel des os fournie à l'enfant et la dose absolument nécessaire à son développement et à sa vie n'existant pas, et cette insuffisance déterminant un abaissement dans l'irritabilité et la mort même chez les animaux formés, on doit considérer ce fait comme une des principales causes de la prédominance du système lymphatique, et de la mortalité qui frappe les enfants dans les villes, dans une proportion beaucoup plus élevée-que dans les campagnes.

QUATRIÈME PARTIE.

Cette déduction, qui découle de chiffres et de faits rigoureusement exacts, est confirmée par des observations pratiques recueillies par des médecins très-recommandables. — Les résultats de ces observations prouvent qu'en complétant l'alimentation par un excès de phosphate des os animalisé dont la nature règle ensuite l'absorption sur ses besoins, on prévient les conséquences déplorables de l'absence ou de l'insuffisance de ce sel, sans lequel l'enfant ne peut vivre ni se développer.

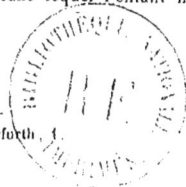

Paris. — Imprimerie Simon Raçon et C⁰, rue d'Erfurth, 1.

www.ingramcontent.com/pod-product-compliance
Lightning Source LLC
Chambersburg PA
CBHW060506200326
41520CB00017B/4924